Acorus calamus

lbizia julibrissin

Mentha canadensis

Rosa chinensis

Hemerocallis fulva

summer

中国植物很高兴认识你

夏天，很高兴认识你！

米莱童书 著/绘

Panax ginseng

Nelumbo nucifera

Saussurea involucrata

Alcea rosea

Funaria hygrometrica

北京理工大学出版社
BEIJING INSTITUTE OF TECHNOLOGY PRESS

让你的童年，与植物为友

小朋友，你有没有这样的好奇：放学回家路上的那棵树叫什么名字？石缝里的苔藓也是植物吗，为什么和其他植物长得不一样？为什么有的植物叶片宽宽大大的，有的细细小小的呢？为什么冬天有的树会掉光叶子，它们光秃秃的不怕冷吗？粮食、蔬菜和水果是怎么从田野中长出来的？除此之外，你是不是还想到过这样的问题：为什么语文课本的诗词里面有很多植物的名字？我们的餐桌上，没有植物会怎样？春天爸爸炒的香椿为什么那么美味，为什么不能一年四季吃到它？妈妈在窗台上种的一盆盆小“多肉”会开花吗？

当你问到这些问题时，欢迎你，进入神奇的植物世界！植物是我们人类亲密的朋友，可以说我们的一生都离不开它。植物是宇宙中不可思议的神奇创造，千百年来，人们与草木和谐共生。老杏树下，孔子设坛传道授业；林荫道边，亚里士多德与学生边散步边探讨学问；菩提树下，释迦牟尼静坐七天七夜，顿悟成佛；达尔文在与大自然的亲密接触中萌发了科学兴趣，最终走向科学之路。古今中外，很多思想者、文学家、艺术家、发明家、科学家都是从植物中获得灵感，发挥了巨大的想象力而创造出了不起的作品。人们愿意与植物为友，因为植物让人宁静，启发人的灵性。

打开这本书，你将走进一场心灵治愈之旅，感受植物的美好。跟随春、夏、秋、冬四季的脚步，认识40种具有鲜明特色的中国植物。这些植物在我国都有漫长的生长历史，都有自己独特的故事。你的家乡无论是在内蒙古草原还是青藏高原，无论是在西北大漠还是江南水乡，你都能从书里找到自己家乡的植物。从高耸入云的参天大树，到低矮呆萌的多肉植物，从“三千年不倒”的沙漠“勇士”，到“穿越”亿万年的孑遗“元老”，你都能从书里找到最喜欢的植物。

你会发现，植物既美丽又浪漫，既智慧又坚强。所以爸爸妈妈会把你们带到大自然中去，陶冶情操，接受大自然艺术的熏陶。植物虽然不会说话，但它们有着惊人的生存策略、强大的繁衍力量，植物比人类更早诞生在地球上，亿万年来，它们进化出坚强的基因，延续着古老的血脉。它们在大自然生态系统中占有重要地位，植物的生存智慧绝妙而神奇，给人们带来了探索不尽的启示。

你会发现，植物除了告诉我们生命的密码，还赋予我们文化的意义。小小的植物，竟能够改变历史，影响世界文明。从丝绸之路到大唐盛世，从二十四节气到《诗经》《楚辞》，植物与我们中国人有着深厚的文化渊源。

当你看完这本书，就有了新的眼光去看待这个世界——你看到的不再只是花红柳绿的风景，而能看穿花朵吸引传粉的“心机”；你将学会欣赏叶子变化多端的颜色与形状，探索植物保护自己的“法宝”；母亲节来临时你会送妈妈一束萱草，因为你知道它是中国人的母亲花；你还会区分那些“同名异物”“同物异名”的植物，甚至帮大人解答一些常识性问题……我相信你一定会特别有成就感。偷偷告诉你，如果你尝试亲手栽种一盆花草，亲自浇灌它，观察生命一步步绽放，你将收获超出想象的惊喜！

如果你问我，为什么要认识植物？我想说，从植物身上能感受到大自然蓬勃向上的精神。这种精神就如同一粒种子，在你的内心发芽，长出一个饱满而丰盈的世界。植物，是大自然送给你们的幸福一生的礼物。

四季轮回，万物更迭。植物承载着春的希望，挥洒着夏的率性，饱含着秋的殷实，酝酿着冬的含蓄。植物的四季变化会激发出我们无限的想象力。孩子，当你看完这本书，去寻找书里的植物吧，多留意下身旁的花草树木。如果有可能，当假期来临的时候，抛开手机、电脑这些科技“怪物”一会儿，穿着舒适的衣服和鞋子，在爸爸妈妈的陪伴下，选择一个风和日丽的好天气，去森林和田野吧，躺在青草地上，尽情呼吸植物美妙的气息，聆听鸟儿快乐的啼鸣，感受大自然的和谐，你会发现这比虚幻的网络世界更有价值。

从今天起，试着关注身边的植物吧。尝试与植物做朋友，慢下来，驻足、观察、凝视它们。当你懂得了植物的魅力，学会去欣赏它、守护它，你就学会了尊重和爱，这种可贵的素养将沉淀为生命的底色。

从今天起，热爱植物，拥抱大自然，感恩生命，敬畏世间万物。

走，向大自然出发！

北京大学终身讲席教授

中国植物学会理事

苏都莫日根

首席顾问

苏都莫日根 北京大学终身讲席教授
中国植物学会理事

特约审阅

胡　君 中国科学院大学植物生态学博士
中国科学院成都生物研究所助理研究员

付其迪 中国林业科学研究院林学硕士
中国科学院植物研究所植物科学数据中心数据管理员

米莱童书

由国内多位资深童书编辑、插画家组成的原创童书研发平台，“中国好书”大奖得主、“桂冠童书”得主、中国出版“原动力”大奖得主。现为中国新闻出版业科技与标准重点实验室（跨领域综合方向）授牌的中国青少年科普内容研发与推广基地，致力于对传统童书进行内容与形式的升级迭代，开发一流原创童书作品，使其更加适应当代中国家庭的阅读与学习需求。

原创团队

策 划 人：刘润东　魏　诺
创作编辑：韩路弯　刘彦朋
绘 画 组：杨　静　都一乐　叶子隽　金思琴　吴鹏飞　徐　烨　臧书灿
科学画绘制组：吴慧莹　滕　乐　刘　然　阮识翰
美术设计：刘雅宁　张立佳　孔繁国

自然寻踪

端午节的“仙草”

小森叔叔：

展信好！

今天是端午节，妈妈带我去看赛龙舟，小溪边生长着很多叶子长长的植物，叶子形状像一把宝剑，它们长得非常茂盛，远远望去，一片翠绿。妈妈在大门上挂了艾草和这种植物，说它叫“水剑”。妈妈告诉我，每到端午节，人们会把它和艾叶捆在一起，插在屋檐下和门窗上，说它可以“斩千邪”。

小森叔叔，你了解这种植物吗，能给我讲讲它吗？

祝您端午安康！

安安

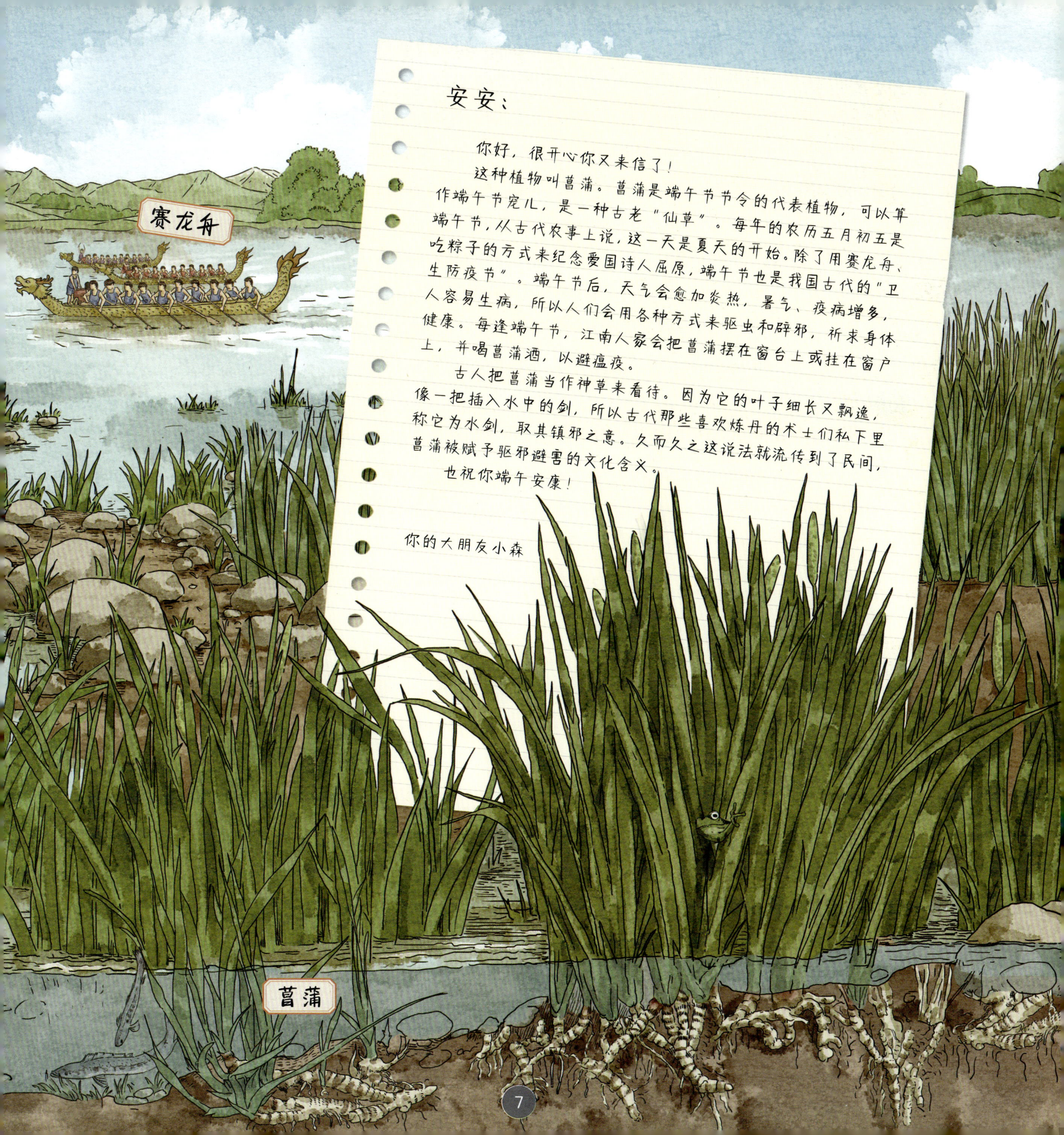

安安：

你好，很开心你又来信了！

这种植物叫菖蒲。菖蒲是端午节节令的代表植物，可以算作端午节宠儿，是一种古老"仙草"。每年的农历五月初五是端午节，从古代农事上说，这一天是夏天的开始。除了用赛龙舟、吃粽子的方式来纪念爱国诗人屈原，端午节也是我国古代的"卫生防疫节"。端午节后，天气会愈加炎热，暑气、疫病增多，人容易生病，所以人们会用各种方式来驱虫和辟邪，祈求身体健康。每逢端午节，江南人家会把菖蒲摆在窗台上或挂在窗户上，并喝菖蒲酒，以避瘟疫。

古人把菖蒲当作神草来看待。因为它的叶子细长又飘逸，像一把插入水中的剑，所以古代那些喜欢炼丹的术士们私下里称它为水剑，取其镇邪之意。久而久之这说法就流传到了民间，菖蒲被赋予驱邪避害的文化含义。

也祝你端午安康！

你的大朋友小森

小森的植物笔记

菖蒲的独特香味

菖蒲独特的香味来自体内的挥发油，这些成分能驱虫醒脑。很多人都不喜欢夏天，有的人是嫌夏天太热，而更多的人是害怕蚊子。菖蒲就是一种很好的驱蚊植物。除了菖蒲外，艾草、薰衣草、香叶天竺葵等植物也具有驱蚊效果。这些植物主要依靠散发异味驱蚊。

美丽的园林植物——唐菖蒲、黄菖蒲

唐菖蒲和黄菖蒲是会开出美丽花朵的园艺植物，它们虽然也叫菖蒲，却是从国外引进的鸢尾科植物，跟常见的菖蒲并不是一种植物。

精致的小盆栽——金钱蒲

人们在端午节悬挂的一般是水菖蒲，它的叶片中间有一根硬硬的主干，植株比较高大，叶片长约一米左右。而金钱蒲的叶片中间没有硬硬的主干，个子小一些，喜欢阴凉的环境，多生长在湿地或溪石上。金钱蒲常被做成各种精致的小盆栽，装点文人墨客的案头和书房。

天南星科植物大家族

天南星科植物的叶片形状多变，有羽状的、有掌状的、有戟形的……花朵很小，带有难闻的味道，排列成肉穗花序，花序外面包围着佛焰苞。

天南星科有很高的观赏价值，我们在室内经常能见到它们。例如万年青属、蔓绿绒属、龟背竹属、花烛属、马蹄莲属。天南星科有的叶片通体绿色，有的叶片上有比较好看的斑点。

小森收藏的科学画

菖蒲

***Acorus calamus* L.**

别　名：泥菖蒲、野菖蒲、白菖蒲、剑菖蒲

科：天南星科　　属：菖蒲属

分布区域：全国各省区的水边

花　期：6—9月　果　期：9—11月

1. 花序横截面；2. 肉穗花序；3. 全株。

夏日的浪漫绒花

嗨，小森叔叔：

您好！

我们放暑假了，我每天没完没了地写着作业，幸好夏天的白天特别长，写完作业我还能去游泳，再吃几块好吃的西瓜，可真凉快。这几天晚上，我都和安安在顾奶奶的庭院里乘凉，因为那里有一棵巨大的合欢树，粉红色的合欢花毛茸茸的，像小扇子，躺在躺椅上，风一吹，就特别舒服。

小森叔叔，您放假了吗？还有，给我们讲讲合欢花吧！

期待您的回信！

喜欢乘凉的乐乐

乐乐：

你好！

不知不觉已经初夏了，我上周在乡间考察植物，那里的夏夜特别迷人，还能听到夏虫的窃窃私语，如果运气好，还有萤火虫飞来飞去。

我虽然没有假期，可拥有快乐的心情，每天都像在放假。如果你捡到一朵新鲜的合欢落花，你会发现，它们是由无数个小花组成的，这是典型的头状花序结构，这些头状花序在花序轴上又排列成圆锥状。

合欢树是一种历史名树，在我国的大部分地区都有种植。合欢树的树姿优美，清秀潇洒，红花成簇，气味芳香，所以，有着特别美好的寓意，它预示着家庭和谐欢乐。

你们能在这样的夏夜里，在这么美的树下纳凉赏月，真是很好。

好了，欢迎你再给我写信！

你的大朋友小森

小森的植物笔记

昼开夜合的“含羞树”

合欢精灵般的叶子在白天精神抖擞，一到晚上，就如疲倦的孩子般早早合起身子，进入了甜美的梦乡。所以它还有个名字叫夜合树。合欢的叶子之所以会昼开夜合是因为合欢树对外界环境的变化感觉十分灵敏，在合欢小叶的叶柄基部，有一个“储水袋”，每到夜间光线变暗，温度降低的时候，“储水袋”便会放出里面储存的水分，这样，叶柄基部的细胞就会瘪落下来，小叶便闭合在一起了。

一开始，合欢通过叶片的闭合来减轻风雨对它的袭击，久而久之，便养成了这种独特的适应环境的本领。正因为它的叶片有“昼开夜合”的特性，合欢被认为是言归于好、夫妻好合的象征。

豆科植物的“根瘤”

特约撰稿◎米莱自然科学小组

在首蓿、豌豆、大豆等很多豆科植物的根部，经常能发现额外生长出的微小的瘤状物，这就是所谓的“根瘤”。研究发现，这些根瘤是由寄生在根部的一些特定的细菌引起的。这些细菌从根部获取养分。同时，这些细菌拥有将空气中游离的氮固定到土壤中的特殊能力，为寄主植物提供可以利用的氮。尽管空气中有大量的氮气，但普通的植物不能直接利用游离氮，土壤中细菌的这种特殊能力非常神奇。

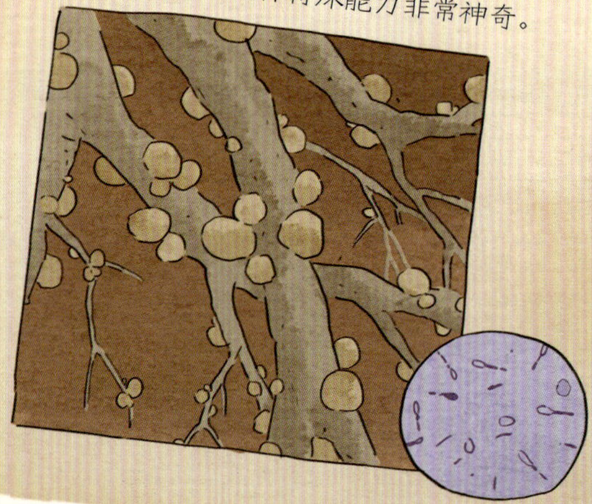

豆科植物大家族

小森收藏的科学画

合欢

Albizia julibrissin **Durazz.**

别　　名：马缨树、绒花树、芙蓉树、夜合	
科：豆科	属：合欢属
分布区域：我国东北至华南及西南部各省区	
花　　期：6—7月	果　　期：8—10月

1. 绿色豆荚；2. 开花的枝条；3. 种子；
4. 干豆荚。

小森叔叔：

展信好！

您肯定猜不到我昨晚去了哪里，我和乐乐去后山公园小树林里等萤火虫了！时间过得好慢，我们边吃红豆雪糕边聊天，红豆雪糕都吃完了，萤火虫才终于来了。萤火虫发出的点点荧光，像流动的星星，可好看了。

可是回家以后我才发现浑身都好痒，原来我被蚊子狠狠咬了好几口。妈妈说我淘气，随手摘下薄荷叶捣碎了，敷在被蚊子咬过的地方，清清凉凉可真舒服。薄荷叶居然这么神奇！

小森叔叔，您了解薄荷吗，能给我讲讲吗？

盼望能收到您的回信！

安安

清爽的天然香料

安安：

你好，很开心你又来信了！

薄荷是一种香草，在我们的生活中特别常见，即使你没见过薄荷长什么样子，你肯定也吃过薄荷味的糖果，或许用过薄荷味的牙膏。薄荷的味道不仅清新，还带有一种辣辣的、凉冰冰的感觉。人们常用薄荷糖清新口气。薄荷独特的芳香让你闻一次就忘不了。

薄荷还能驱蚊，那是因为薄荷中含有薄荷油、薄荷醇等容易挥发的物质，在蚊虫较多的夏季，可将薄荷摆放在卧室靠窗的地方，在傍晚的时候对薄荷叶进行喷水，让薄荷的清香扩散开来，蚊虫都会避而远之的。

好了，先说到这里了，希望你能过一个美好的夏天。

你的大朋友小森

区
零食专区
薄荷冰淇淋
薄荷香氛
薄荷小盆栽
薄荷蛋糕

小森的植物笔记

薄荷用途清单

1. 食用

薄荷中提炼出的薄荷油等成分用于食品添加剂。在糕点、糖果、饼干、果冻、饮料中加入微量的薄荷油或薄荷脑，就会有明显的芳香怡人的清凉气味。薄荷糖能帮助人们清新口气。

2. 洗浴

炎炎夏日，在洗脸水、洗澡水中加入点薄荷，会让人神清气爽，能缓解疲劳。花露水中就有薄荷成分，在累的时候闻薄荷的香味，顿时感觉头脑清醒、心情愉快。

3. 驱蚊

薄荷整棵植物都散发着芳香，这种气味能驱走蚊虫。

“猫薄荷”是薄荷吗？

●专栏作者 小森

“猫薄荷”是一种神奇的植物，据说猫闻到这种植物的味道就会醉倒。

虽然它的名字有“薄荷”，但其实它是荆芥属植物，而薄荷属于薄荷属。

香草植物

人们喜欢把薄荷用作西餐料理，其实只要有特殊香味、可以用来烹饪的草本植物，都可以称为香草。薄荷、薰衣草、迷迭香、鼠尾草、百里香、芫荽（香菜）、洋甘菊、紫苏、罗勒、茴香、葱、蒜等，都是香草。

小森收藏的科学画

薄荷

Mentha canadensis
Linnaeus

别　　名：野薄荷、夜息香	
科：唇形科	属：薄荷属
分布区域：南北各地水旁潮湿地	
花　　期：7—9月	果　　期：9—10月

1. 开花植株；2. 雌蕊柱；3. 根；4. 种子；
5. 花苞；6. 花。

嗨，小森叔叔：

您好！

昨天妈妈生日，我想送她一束玫瑰花，可买回来之后，却被爸爸嘲笑了。他硬说那花是月季。

月季花，我当然认识。我家花园的月季都开了，粉色的、深红的、浅红的、黄色的，特别好看，可我仔细比较了一下，这玫瑰跟花园的月季又很像，这可把我搞迷糊了。

小森叔叔，您能给我答案吗？

期待您的回信！

乐乐

此花无日不春风

嗨，乐乐：

你好！

很开心又收到你的来信，这次爸爸又赢了，其实人们常说的“玫瑰”，是现代月季，它和真正的玫瑰有些不同。

现代月季是由欧洲园艺家用中国月季、玫瑰、蔷薇反复杂交而培育成功的品种，它的花色很丰富，黄、绿、黑、白、红、粉等都有，一般来说香气也比较浓郁，在适宜条件下全年都可以开花，品种更是数不胜数，我相信你家花园里就特别多。

在西方国家，男性表达爱意通常会送对方“玫瑰”，因为在欧洲现代文明起源地的古希腊和古罗马，玫瑰象征他们的爱神丘比特以及美神维纳斯。比较而言，玫瑰的名称也更适合表达爱意，起码比现代月季要浪漫。于是，这个美丽的误会就一直延续了下来。其实真正的玫瑰，它的茎较粗，上面有很多小刺，花朵的颜色也不是特别漂亮，现在一般用来提炼精油，作为香料植物来使用。

可不管是现代月季还是玫瑰，人们赠送给对方，用来表达的爱意却是满满的。

好了，这就是我的回答，欢迎你再给我写信！

你的大朋友小森

拿破仑的妻子——约瑟芬皇后钟爱月季，在自己的花园中收集了很多月季品种。

百变大咖——月季

●专栏作者 小森

长期以来，月季都深受人们喜爱，它的典雅高贵从未消减，并以各种各样的形态吸引着人们的注意力。

有的月季被打造成微型盆景，有的在地上蔓延生长，有的从灌木丛攀援到了高处。有的只有五片花瓣，有的花瓣多得数不清。花的颜色有白色、粉色、紫色、红色、黄色、橘色，甚至有的花瓣上还有花纹。有的一年只开一次花，有的一年盛开多次。有的花茎上只开一朵花，有的开得密密麻麻。有的叶片四季常绿，且带有清香，有的散发着浓郁的香气……

小森的植物笔记

带刺的月季

月季长得比较矮小，娇嫩美丽，还有浓郁的香气，所以叶、花、芽很容易被动物取食，在进化的过程中，月季枝条的表皮上长出锋利的硬刺隐藏在枝叶间，动物若是来啃食叶子、花苞，就会被这些隐藏在叶子间的刺刺伤，被刺得很痛的动物以后就不敢再靠近月季了。月季不仅枝条上有刺，连叶子边缘也都有刺。

“蓝色妖姬”的秘密

特约撰稿◎米莱自然科学小组

人们在花店里能看到一种蓝色的月季，叫“蓝色妖姬”，它并不是生来就是蓝色花朵，而是经过人为加工的。这种技术最早来自荷兰。它是把快成熟的白色月季剪下来，插入装有蓝色染料的容器里。染料顺着花茎吸入花瓣内，花朵就变成蓝色的了。

因为自身没有产生蓝色色素的基因，蓝色的月季非常稀缺，因此“蓝色妖姬”受到了人们的追捧。除了染色，还有别的办法“打造”出蓝色月季吗？随着生物技术的发展，科学家们利用转基因技术，从其他蓝色花卉中提取出了“蓝色基因”，然后植入月季中，使月季也能合成蓝色色素，从而让“蓝色妖姬”奇迹般地诞生。

古老的中国月季

月季属于我国的原生种，相传神农时代已有种植，汉代就已经广泛栽培，唐代种植月季已极为盛行。16世纪，月季传入欧洲，意大利画家布朗西诺画的爱神丘比特就手拿粉红色的月季。月季后来传入世界各地，中国月季是世界月季之母，被欧美称为“中国蔷薇”。

18世纪时，4种中国古老月季品种由探险家传到了欧洲，它们是月月粉、月月红、绯红茶香月季以及黄色茶香月季。1867年培育成功的“天地开”杂种香水月季，是现代月季诞生的标志。该品种由法国人把中国月季与当地的欧洲蔷薇经数代杂交而成。

（摘自《米莱植物文化报》）

蔷薇科是植物中的名门望族

我们常见的花卉大多集中于被子植物的蔷薇科、菊科和兰科等家族。而蔷薇科家族就是其中的名门望族。在日常生活中除了食用的桃、李、杏、草莓等植物外，还有一大部分观赏花卉也属于蔷薇科，如各种绣线菊、绣线梅、蔷薇、月季、海棠、梅花、樱花、碧桃、花楸、棣（dì）棠（táng）和白鹃梅等，在世界各地的庭院绿化中占重要的位置。

小森收藏的科学画

月季花

***Rosa chinensis* Jacq.**

别　　名：月月红、月月花、长春花、四季花、胜春

科：蔷薇科　　　　属：蔷薇属

分布区域：全国各地普遍栽培

花　　期：4—9月　果　　期：6—11月

1. 种子；2. 果实；3. 开花植株。

1.20元
萱草
中国的母亲花

小森叔叔：

展信好！

母亲节就快到了，花店也准备了很多好看的康乃馨，我的同学们也都开始写卡片，准备漂亮的礼物了。我的礼物也准备好了，可是我想送点不一样的花。我听说中国古代也有一种母亲之花，真的是这样吗？小森叔叔，您知道它是什么花吗？

期待您的回信！

乐乐

乐乐：

你好，很开心你又来信了！

你说的是萱草花，又名忘忧草，代表着忘却一切不开心的事。这是原产于中国的古老植物，古时候，当游子要远行时，就会先在北堂种萱草，希望母亲能减轻对孩子的思念。比如我们特别熟悉的诗人孟郊就写过"萱草生堂阶，游子行天涯。慈亲倚堂门，不见萱草花。"现代通信发达，即使不在母亲身边，也能常常联络，可是这种含蓄又美好的表达被人们遗忘还是很可惜的。所以我觉得，按照咱们中国的古老传统，你可以送萱草给妈妈，她一定会很欣喜。萱草花开，愿天下所有的母亲幸福安康！

你的大朋友小森

小森的植物笔记

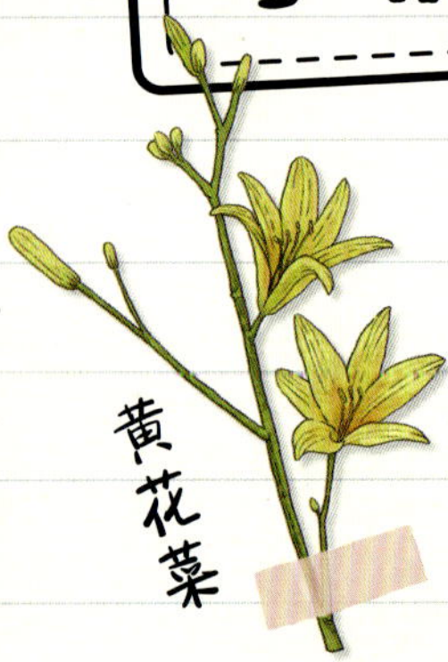

黄花菜

美貌不输于百合的萱草

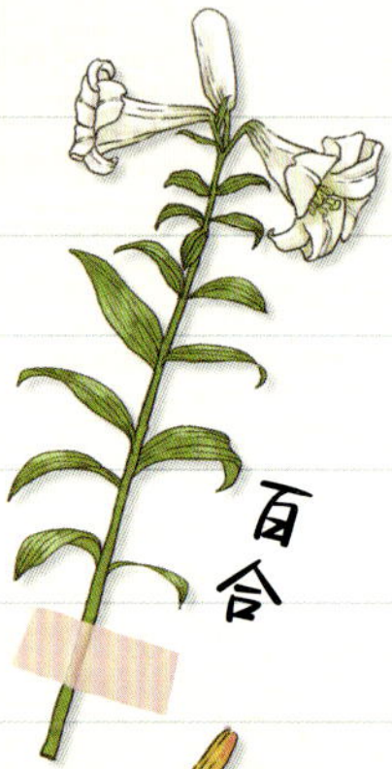

百合

萱草是百合科萱草属植物，花型很像百合，所以萱草又名"一日百合"。它的属名 Hemerocallis 意思是一日之美，常常是在凌晨开放，日暮即闭合，午夜就枯萎凋谢了，只有一天的美丽。可实际上萱草的整体花期很长，能从初夏一直开到秋天。

萱草

萱草不是"黄花菜"

萱草花和黄花菜很像，它们是近亲。

萱草一般种植在花坛中，用作观赏，花色一般呈橘黄色，有的甚至接近红色。花茎挺拔，花色亮丽，是布置花境的好材料。

黄花菜是萱草属植物的一种，一般出现在菜地里，黄花菜花朵比较瘦长，花瓣较窄，花色嫩黄。除黄花菜外的萱草属植物多半不能吃，它们都含有秋水仙碱素，这种物质虽然本身没毒，但是炒食后能在体内被氧化，产生一种剧毒。人们平时吃的黄花菜，都是经过处理的。

黄花菜都凉了，是什么意思呢？

等到黄花菜都凉了，是源于一种民间礼节。据说湖南衡阳一带自古酒席之后上一道黄花菜炖汤解酒，酒客未见最后一道黄花菜汤上桌，那就是主人尚未遣客之意。黄花菜都凉了，就是大家都已酒足饭饱、吃完解酒菜了你才来，比喻来得太迟。

古代有没有父亲之花？

萱草是母亲之花，那么古代有没有父亲之花呢？当然是有的。成语"椿萱并茂"中的椿和萱指的是香椿和萱草，分别代称父亲和母亲，因为香椿寿命很长，而象征母亲的萱草可以使人忘忧，因此成语的意思是父母均健在、安康。

这个说法是源自庄子的《逍遥游》："上古有大椿者，以八千岁为春，以八千岁为秋"，大椿就是香椿树。后人觉得既然大椿这么长寿，那么就当做父亲的美称好了，祈望父亲也能够如大椿一般高寿。所以，中国人以大椿为父亲树，是寄托了一份赤诚的孝心的。

（摘自《米莱植物文化报》）

百合科植物大家族

芦荟

郁金香

吊兰

小森收藏的科学画

萱草

Hemerocallis fulva **(L.) L.**

1.果实；2.根；3.开花植株。

别　　名：忘忧草

科：百合科　　属：萱草属

分布区域：全国各地常见栽培，秦岭以南各省区有野生

花　　期：5—7月　　果　　期：5—7月

药店里也有很多植物！
哪个是人参呢？

大名鼎鼎的百草之王

嗨，小森叔叔：

展信好！

昨天看了动画片《人参娃娃》，我好喜欢那个会跑会跳的小人参，今天拉着爸爸就去药铺看人参，长得真是好像人！可爸爸说动画片里都是骗小孩的，人参只是一种植物，并不会真的变成人跑来跑去的。

小森叔叔，是这样的吗？

期待您的回复。

对人参充满问号的乐乐

嗨，乐乐：

你好，你提了一个有趣的问题。

人参是多年生草本植物，多生长于海拔500～1100米山地缓坡或斜坡地的针阔混交林或杂木林中。它有一个标志性的特征，那就是它的红色浆果。它的主根呈圆柱形或纺锤形，根须细长，常有分叉，看起来像是人的头、手、足和四肢，故而称为“人参”。

关于人参会跑的传闻，在民间流传很久了。其实是因为人参在遇到比较恶劣的自然环境时，会进入自动休眠的状态。而且，人参会自动地朝着更适合它的土壤方向生长。所以，如果不做标记的话，再去找它，就很难找到了。

如果在野外见到人参，千万不要破坏它，可以联系相关部门来保护它们。

希望我的回答能帮到你，也期待你的再次来信！

你的大朋友小森

小森的植物笔记

人参是大自然恩赐的珍贵植物

人参被人们赋予了神秘色彩，自古以来就拥有“百草之王”的美誉，是闻名遐迩的“东北三宝”之一。人参是第三纪孑遗植物，也是濒危的植物。长期以来，由于过度采挖，人参赖以生存的森林生态环境遭到严重破坏，导致真正的野生人参已经非常稀少。所以，我们要保护野生人参！

红参和白参有什么不同？

商店里看到的红参和白参，它们是同一种植物，只是加工方式不同。白参是简单地干燥制成，而红参的加工工艺更加复杂，经过蒸制、晾晒、烘烤而成，外表呈焦糖色。

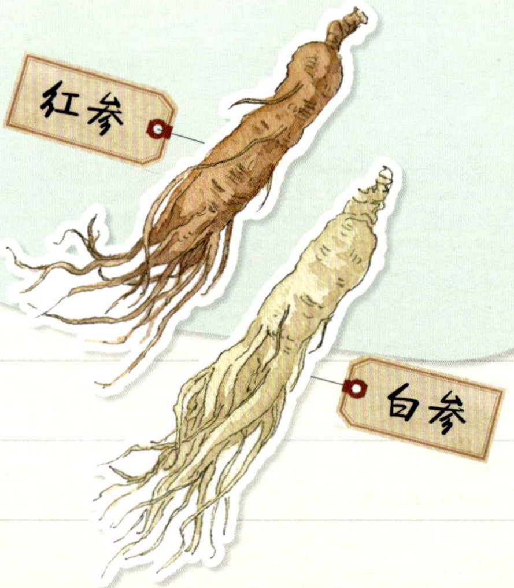

本草植物家族

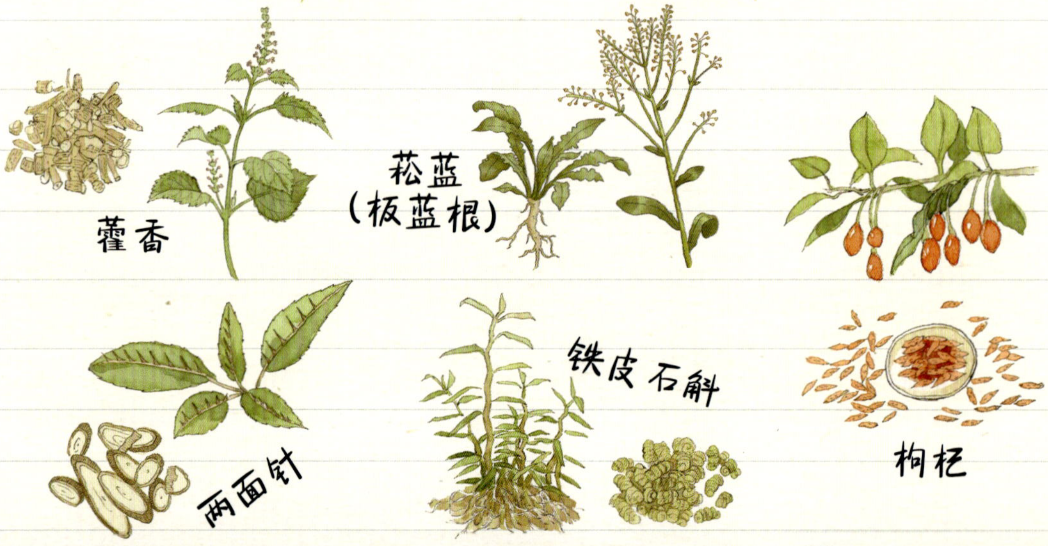

植物界存在形形色色的植物类群，其中有一类植物在中国被称为“本草”。古代中国人曾发现本草有功能各异的医药效果。人们熟知的《本草纲目》是明代李时珍撰写的本草著作。

小森收藏的科学画

人参

Panax ginseng
C. A. Meyer

别　　名：地精、老山参、野山参
科：五加科　　　　属：人参属
分布区域：东北地区
花　　期：5—6月　果　　期：6—9月

1. 全株；2. 种子；3. 果；4. 花。

小荷才露尖尖角

荷花的花朵很大，有利于昆虫传粉

●专栏作者 小森

荷花的花朵很大，有些种类的直径可以达到 20 厘米，而且还是亮丽的粉红色或桃红色，就像是路边闪闪发亮的广告招牌，告诉昆虫，花就在这里。大部分帮忙传粉的昆虫视力都不太好，荷花利用又大又鲜艳的花朵，让昆虫在远处就能发现，能吸引大量昆虫来帮忙传粉，花朵也可以尽快授粉成功，发育出下一代。

荷花还具有香味，味道也是吸引昆虫的方式之一。雌蕊在花中心的圆盘上，而雄蕊则围绕在圆盘的周围。蜜蜂一靠近雄蕊，身上就会沾上许多花粉，当蜜蜂造访另一朵荷花时，这些花粉掉落，就可以让雌蕊授粉了。

小森叔叔：

您好！

今天我和乐乐去荷塘里摘莲蓬了。这是一片好大的荷塘，荷花都开了，一大片一大片的，风吹过来，花摇叶颤，像在微微点着头。我想起了杨万里的诗："接天莲叶无穷碧，映日荷花别样红。"古人真厉害，这么美的景色，两句诗就说明白了。

我很好奇：荷花下面的世界是什么样子呢？它们靠什么能长成一大片一大片的呢？

小森叔叔，您一定知道答案吧？期待您的回信！

安安

安安：

你好！

我知道那片荷塘，在去年的一个夜晚，我也去过那里，那会儿月光点缀着荷塘，风淡水茫很有趣味。

荷花下面的世界很精彩，你肯定猜到了，水面之下是另一个神奇的世界，这里既可能有游动的鱼，还会有水生植物那平时看不见的茎。莲藕就是荷花的根状茎。这些莲藕很厉害，它们还会朝其他方向长出分支，在土里不断向四周扩张，荷叶和荷花也会从水底的莲藕中不断向上冒出。荷花就靠着这招，从水底下，渐渐地占领整个池塘，靠着快速繁殖的优势，击退其他的竞争对手，成为池塘生态中的一位重要的角色。

希望我的回答能给你启发！

你的大朋友小森

小森的植物笔记

“出淤泥而不染”的莲

古人觉得荷花是一种圣洁的花，北宋周敦颐在《爱莲说》中赞美莲花“出淤泥而不染”。其实这是荷叶的一种“自我清洁”的能力。

莲叶表面有一层微小的蜡质结构，就像一层保护伞，水珠在莲叶上滚动，不但没法将它打湿，而且能带走叶子上的尘垢和病菌，最后留下的只有干净的莲花和莲叶。在郁金香，甚至是蝴蝶的翅膀上，人们都可以观察到这种莲花效应。

莲子惊人的寿命

莲的果实就是莲子。莲子很轻，可以漂浮在水上，随着水流传播出去。莲子有着惊人的寿命。莲子可以千年不腐，在适宜的条件下甚至还可以发芽，开出美丽的莲花。在自然界中，种子的寿命很少有超过200年的，因此莲子的生命力极强。

不怕水的莲

莲是一种水生植物，它们长期浸泡在水里，却不会被淹死。

莲藕是莲花的地下茎，生长在淤泥中，为了生存，它进化出了发达的通气组织——莲藕中的小洞。空气通过莲叶表面的气孔进入莲藕，里面的洞洞相当于输送空气的通道，可以让莲藕在泥中顺畅地呼吸而不会缺氧致死。

水生植物正是由于具有这些特殊的构造，才能够在水里正常地呼吸，长期浸泡在水里才不会出现腐烂的现象。

荷花和睡莲的区别

一般来说，叶子浮在水面上的是睡莲，而挺出水面的是荷花。荷花是挺水植物，植株较为高大，茎直立挺拔，根深扎于淤泥中，上部植株可挺出水面；而睡莲是浮叶植物，无明显的地上茎或茎细弱不能直立，所以叶子只能浮在水面上。

我们把生活在池塘、小溪、河流等水域的植物称作水生植物，包括挺水植物、浮叶植物、漂浮植物和沉水植物四类，由于长期生活在水中，所以水生植物都是耐水性很强的植物，简直可以称得上植物界的游泳健将。

小森收藏的科学画

莲

***Nelumbo nucifera* Gaertn.**

别　　名：荷花、莲花、水芙蓉、藕花	
科：莲科	属：莲属
分布区域：产于我国南北各省，自生或栽培在池塘或水田内	
花　　期：6—8月	果　　期：6—9月

1. 花；2. 叶；3. 果实（莲蓬）；4. 种子；
5. 雄蕊；6. 根状茎（莲藕）；7. 走茎（莲鞭）。

冰清玉洁的高山勇士

嗨，小森叔叔：

您猜猜我此刻在哪儿？我背后是白雪皑皑的高山，眼前是绽放的雪莲花，我想您一定猜到了吧，我在西藏呢！

我去了布达拉宫，还收到了格桑花，不过，最最开心的是我居然拍到了雪莲花，在这么寒冷的环境下，雪莲花竟然绽放得如此美丽，它们竟然不怕冷，好厉害！

小森叔叔，人们说雪莲花很珍贵，您能给我讲讲吗？

期待您的回信！

乐乐

嗨，乐乐：

你好！

不得不说你真是很幸运，雪莲花是一种特别珍贵的高山植物，分布在我国多地高寒地带，生长于高山雪线附近的岩缝、石壁和砾石滩中，雪莲属于菊科植物，个头不高，矮矮地趴在地上，淡绿色的叶片紧紧簇拥在一起，叶子外面还长满了白色的绒毛，硕大的花朵晶莹淡雅，如莲花一般，因此人们常称它为雪莲花。

也因为非常稀有，雪莲已经被列为中国珍稀濒危植物，所以，是非常难得一见的，你能拍到它真是运气很好。切记只能拍照，不能采摘哦！

祝你玩得愉快，也欢迎你再给我写信！

你的大朋友小森

小森的植物笔记

雪莲在终年冰雪的地方不会冻死

每年7月中旬，雪莲花的紫红色筒状小花竞相开放，形成一团团艳丽的大花蕊，在周围宽大的膜质苞叶的衬托下，真像一朵伴着残冰和积雪盛开在冰山上的“冰雪美人”。

首先是因为它的外表结构适应了冰雪环境，白色的绒毛可以防寒抗风，白色花瓣能反射一部分高山强烈的阳光辐射。除此之外，雪莲生来矮小，这种低矮的外形不仅使雪莲在凛冽的寒风中纹丝不动，还有利于保持体温。更重要的是，科学家发现雪莲的细胞含有高浓度的糖分、蛋白质和脂质，这使雪莲的植株冰点较低，从而帮助了雪莲抗寒。

雪莲花的同伴——绿绒蒿和雪兔子

还有两种植物——绿绒蒿和雪兔子，它们和雪莲花一样，生长在中国西南部寒冷的高山地区。

绿绒蒿负责漂亮，它被植物学家称为离天最近的花朵，它有着天空一样的碧蓝色，美得让人窒息。雪兔子负责搞笑，它是浑身长着白色绵毛的怪异小草，外表矮小，上半身像一堆棉花糖。

绿绒蒿

雪兔子

小森收藏的科学画

雪莲花

Saussurea involucrata
(Kar. et Kir.) Sch.-Bip.

别　名：荷莲、雪莲、天山雪莲

科：菊科　　　属：风毛菊属

分布区域：新疆部分高寒地带、青藏高原

花　期：7—8月　　果　期：7—9月

1. 全株；2. 小花；3. 苞叶。

丝路精神的践行者

小森叔叔：

展信好！

我在成都附近的一个小乡村给您写信，这是太爷爷家，每年暑假我都会跟爸爸来这里探望他，这里跟中原气候不一样，空气湿润，家门口的小路两旁种满了我喜欢的蜀葵花，一排排的，红的、粉的，组成了花旗，迎风招展着，特别好看。

小森叔叔，我想知道这花为什么叫蜀葵呢？难道只有四川才有吗？

盼望能收到您的回信！

安安

安安：

你好，很开心你又来信了！

你猜对了，蜀葵是原产于中国的植物，因在四川发现最早，所以叫蜀葵。

蜀葵的栽培历史超过了2200年，在祖国广袤的大地上，无论是南方的海南、还是北方的黑龙江、无论是低海拔的长江下游、还是高海拔的青藏高原，处处都有它的身影。因为它的适应能力很强，不管是在篱笆角落，道路两旁，还是在堂前屋后，每逢6月，它都会吐红露粉，装点着人们的生活。

蜀葵也是四川人除了大熊猫之外的骄傲，希望你在那里，能发现更多蜀葵的秘密，也祝你玩得开心。

你的大朋友小森

小森的植物笔记

蜀葵果子的味道

蜀葵的果子是圆形的，像算珠。当种子处于幼嫩状态的时候是可以吃的，味道像甜椒种子，带着一点微甜的青草味。

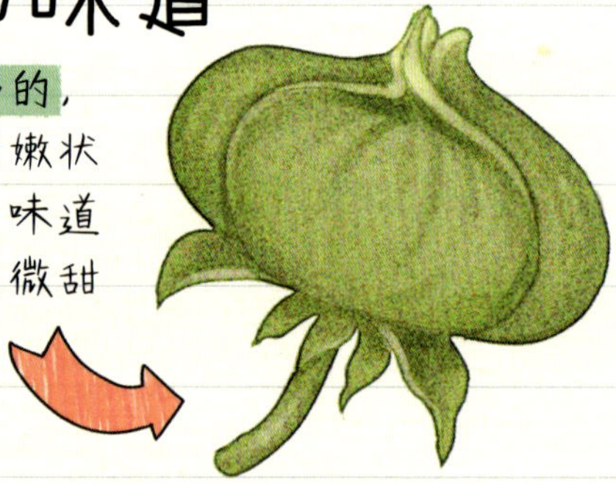

开遍世界的中国花——蜀葵

四川有两样东西堪称举世无双，动物就是大熊猫，植物就是蜀葵。随着古代的驼铃声和马蹄声，蜀葵也成为跋涉足迹最远的中国花朵之一。自公元 8 世纪起，蜀葵的种子就被往返欧亚大陆的行旅商人携带，穿越绵延万里的丝绸之路，引种到中亚、西亚、北非和欧洲，逐渐广布世界。

“步步高升”的蜀葵

不过它还有个花名叫一丈红，因为它开花多是红色，又因最高可达一丈。还叫“节节高”，这跟它的生长特征有关，总之，人们把一生吉庆、步步高升的寓意都寄托在蜀葵上。

小森收藏的科学画

C.R.

蜀葵

Alcea rosea **Linnaeus**

别　　名：一丈红、斗篷花、戎葵

科：锦葵科　　　　属：蜀葵属

分布区域：全国各地广泛栽培供园林观赏用

花　　期：6—8月　　果　　期：8—10月

1. 花枝；2. 叶片及枝条；3. 幼果；4. 雄蕊柱；5. 种子。

小身躯，大能量

嗨，小森叔叔：

展信好！

您喜欢听雨声吗？淅淅沥沥，像在唱歌，雨下了整整两天，终于可以出门了。我迫不及待地跑去公园，您猜怎么着？在枯木上竟然长出了一些绿色的植物，我忍不住伸手去摸，它们像地毯一样柔软，我又取出放大镜仔细看，它有小而漂亮的叶子，还有茎，真是太神奇了。

我把照片拿给爸爸看，他说这是苔藓。小森叔叔，您了解苔藓吗？能给我讲讲它的故事吗？

期待您的回复。

对苔藓充满好奇的乐乐

嗨，乐乐：

你好！真好，你们那里下雨了，在夏天最热的时候，一场及时雨，能带来惬意的清凉。可惜我这边还是晴空万里。

很开心，你又有了新的发现，苔藓是一类神奇的植物，可以说，它们是陆地上最早的“拓荒者”之一，已经在地球上存在3亿多年了。我们知道地球上最早的生命孕育在海洋里，在大概4亿多年前，从某种藻类演化而来的苔藓成了第一批登上陆地的生命，它在那原始的不毛之地，以及后来数次生物灭绝的环境中存活了下来，它还把贫瘠的岩石和土壤转变成了适合其他植物萌发和生长的环境，可以说没有苔藓植物，就没有蕨类、显花植物，也不会有日后如此丰富多彩的陆地生命世界。

它依靠着非常强的生命力和适应能力在全世界范围内繁衍生息，种类达到了20 000多种，所以，科学家喜欢把它称为真正的先锋植物。我也希望你多多了解这种比恐龙存在的时间还要久远的古老植物。

不过你在雨后观察苔藓，一定要小心滑倒哦。

祝愿小小植物学家考察顺利！

你的大朋友小森

小森的植物笔记

最原始的高等植物

葫芦藓是苔藓植物中的一种，还有很多种类的苔藓植物，我们会在台阶上、老树上，以及园艺景观中看到它们的身影。可因为它们的不起眼，我们往往认为它们是低等植物。其实，它们是高等植物中最原始、最低等的那个族群，苔藓没有真正的根、茎、叶的划分，它们只是用身上的细胞模拟成根茎叶的样子而已，它们不会开花，用孢子繁殖。

生命力极强的苔藓！

特约撰稿○米莱自然科学小组

苔藓有着顽强的生命力，有时环境实在太过恶劣，有的苔藓干脆就休眠了。2014 年，英国科学家对南极永冻层采集到的一部分苔藓泥炭核样本进行了解冻。一个多月后，沉睡 1500 多年的一种针叶离齿藓，居然奇迹般地在当代复苏了！它开始发芽、生长。

还有一种叫“齿肋赤藓”，它来自荒漠，那里降水极度稀少，阳光炽热。齿肋赤藓就进化出一套特殊的“器官”来抗旱。它们不像别的植物通过根吸水，而是可以靠叶片顶端一种叫作芒尖的特殊结构，从空气中收集、利用水分，并能把水分直接运输给叶片，来适应干旱的荒漠环境。

来种一盆苔藓吧！

1. 采集苔藓。

2. 往玻璃容器里放栽培基质，从下往上依次是：碎石子、活性炭、枯杂草、土壤。

3. 把苔藓种植在土壤中。

4. 给新栽的苔藓喷水。

小森收藏的科学画

葫芦藓

***Funaria hygrometrica* Hedw.**

别　　名：石松毛

科：葫芦藓科　　　　属：葫芦藓属

分布区域：全国各地

繁 殖 期：4—6月

1. 植株；2. 孢蒴；3. 叶。

叶的形状
针形
披针形
倒披针形
条形
剑形
圆形
卷须叶
卵形
倒卵形
匙形
扇形
镰形
倒心形
肾形
刺叶
提琴形
盾形
箭头形
菱形
三角形
鳞形
鳞叶
心形
矩圆形
椭圆形
戟形
捕虫叶
花的形状
花萼和花瓣
花被
轮状
唇形
十字形
坛状
副花冠
钟形
佛焰苞
盔形
距状
舌状花
漏斗形
囊状
高脚杯形
假面状
筒状
花
果实与种子
叶
叶的着生方式
果实的类型
长角果
盖果

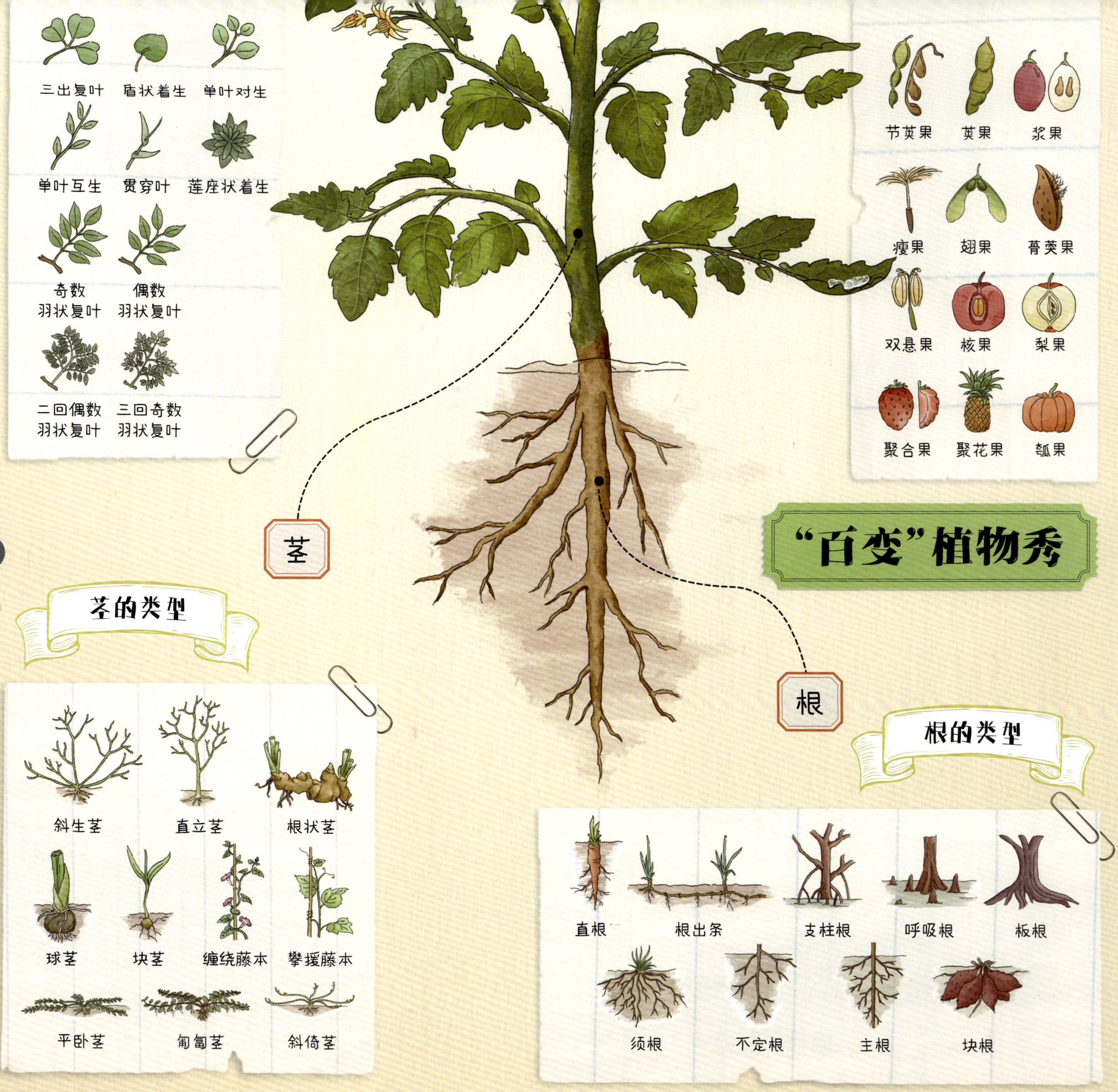

“百变”植物秀
三出复叶
盾状着生
单叶对生
单叶互生
贯穿叶
莲座状着生
奇数羽状复叶
偶数羽状复叶
二回偶数羽状复叶
三回奇数羽状复叶
节荚果
荚果
浆果
瘦果
翅果
蓇葖果
双悬果
核果
梨果
聚合果
聚花果
瓠果
茎
根
茎的类型
斜生茎
直立茎
根状茎
球茎
块茎
缠绕藤本
攀援藤本
平卧茎
匍匐茎
斜倚茎
根的类型
直根
根出条
支柱根
呼吸根
板根
须根
不定根
主根
块根

图书在版编目（CIP）数据

夏天，很高兴认识你！ / 米莱童书著、绘. -- 北京:北京理工大学出版社，2021.7
（2023.2重印）
（中国植物，很高兴认识你！）
ISBN 978-7-5682-9750-9

Ⅰ. ①夏… Ⅱ. ①米… Ⅲ. ①植物－中国－儿童读物Ⅳ. ①Q948.52-49

中国版本图书馆CIP数据核字(2021)第068045号

出版发行 / 北京理工大学出版社有限责任公司
社　　址 / 北京市海淀区中关村南大街5号
邮　　编 / 100081
电　　话 /（010）68944515（童书出版中心）
网　　址 / http: //www. bitpress. com. cn
经　　销 / 全国各地新华书店
印　　刷 / 朗翔印刷（天津）有限公司
开　　本 / 787毫米 × 1092毫米　1 / 12
印　　张 / 4
字　　数 / 100千字
版　　次 / 2021年7月第1版　2023年2月第6次印刷
定　　价 / 50.00元

责任编辑 / 户金爽
文字编辑 / 李慧智
责任校对 / 刘亚男
责任印制 / 王美丽